by James Richard

LIMITS

WORKBOOK

January 2020

Copyright © 2020

All rights reserved. No part of this publication may be reproduced, distributed, or transmitted in any form or by any means, including photocopying, recording, or other electronic or mechanical methods, without the prior written permission of the publisher, except in the case of brief quotations embodied in critical reviews and certain other noncommercial uses permitted by copyright law. For permission requests, write to the publisher using address below.

delightfulbook@gmail.com

© 2020

Contents

LIMIT 1
   Definition 1
PROPERTIES 1
UNCERTAINITIES 3
LIMITS OF TRIGONOMETRIC FUNCTIONS 7
TEST WITH SOLUTIONS 10
YÖS QUESTIONS 22
Chapter 15 30
   Limit 30
Test 1 30
Test 2 35
Test 3 40
Test 4 45
Test 5 50
Test 6 55
Test 7 60

LIMIT

Definition

If f(x) approaches to L as x approaches to a, the limit of f(x) is L and it is shown by.

$$\lim_{x \to a} f(x) = L$$

PROPERTIES

1. $\lim_{x \to a} f(x) = f(a)$

2. $\lim_{x \to x_0} k = k \ (k \in R)$

3. $\lim_{x \to x_0} (f(x) \mp g(x)) = \lim_{x \to x_0} f(x) \mp \lim_{x \to x_0} g(x)$

4. $\lim_{x \to x_0} (f(x) \cdot g(x)) = \lim_{x \to x_0} f(x) \cdot \lim_{x \to x_0} g(x)$

5. $k \in R, \ \lim_{x \to x_0} [k \cdot f(x)] = k \cdot \lim_{x \to x_0} f(x)$

6. $\lim_{x \to x_0} \dfrac{f(x)}{g(x)} = \dfrac{\lim_{0 \to x_0} f(x)}{\lim_{x \to x_0} g(x)} \left(\lim_{x \to x_0} g(x) \neq 0 \right)$

7. $\lim_{x \to x_0} [(f(x))^n] = \left[\lim_{x \to x_0} f(x) \right]^n$

8. $\lim_{x \to x_0} \sqrt[n]{f(x)} = \sqrt[n]{\lim_{x \to x_0} f(x)}$

($f(x) > 0$ and n is an odd natural number)

9. $\lim\limits_{x \to x_0} \left[c^{f(x)} \right] = c^{\lim\limits_{x \to x_0} f(x)}$ $\quad C \in R$

10. $\lim\limits_{x \to x_0} [\log_a f(x)] = \log_a \left[\lim\limits_{x \to x_0} f(x) \right]$

Example:

$f(x) = x^3 + 2x^2 - 3x + 2 \Rightarrow \lim\limits_{x \to 2} f(x) = ?$

Solution:

$\lim\limits_{x \to 2} f(x) = f(2) = 2^3 + 2 \cdot 2^2 - 3 \cdot 2 + 2$

$\lim\limits_{x \to 2} f(x) = f(2) = 8 + 8 - 6 + 2 = 12$

Example:

$f(x) = \dfrac{x^3 + x + 3}{x^2 + 2} \Rightarrow \lim\limits_{x \to 3} f(x) = ?$

Solution:

$\lim\limits_{x \to 3} f(x) = \lim\limits_{x \to 3} \dfrac{3^3 + 3 + 3}{3^2 + 2} = \lim\limits_{x \to 3} \dfrac{33}{11} = 3$

UNCERTAINITIES

$\dfrac{\infty}{\infty}, \infty - \infty, 0 \cdot \infty, 0^0, \infty^0, 1^\infty$

(*Such types of expressions are called uncertainities*).

a) $\dfrac{0}{0} \to \lim\limits_{x \to a} \dfrac{f(x)}{g(x)} = \dfrac{0}{0}$

To solve such types of limits, factorise $f(x)$ and $g(x)$, then simplify some terms.

Example:

$f(x) = \dfrac{x^2 - 1}{x^3 - 1} \Rightarrow \lim\limits_{x \to 1} f(x) = ?$

Solution:

$\lim\limits_{x \to 1} f(x) = \lim\limits_{x \to 1} \dfrac{x^2 - 1}{x^3 - 1} = \dfrac{\lim\limits_{x \to 1}(x^2 - 1)}{\lim\limits_{x \to 1}(x^3 - 1)} = \dfrac{1 - 1}{1 - 1} = \dfrac{0}{0}$

$\lim\limits_{x \to 1} f(x) = \lim\limits_{x \to 1} \dfrac{x^2 - 1}{x^3 - 1} = \lim\limits_{x \to 1} \dfrac{(x-1)(x+1)}{(x-1)(x^2 + x + 1)}$

$$= \lim_{x \to 1} \frac{x+1}{x^2+x+1} = \frac{1+1}{1+1+1} = \frac{2}{3}$$

Example:

$$f(x) = \frac{\sqrt{x}-2}{x^3-64} \Rightarrow \lim_{x \to 4} f(x) = \;?$$

Solution:

$$\lim_{x \to 4} f(x) = \lim_{x \to 4} \frac{\sqrt{x}-2}{x^3-64} = \frac{\sqrt{4}-2}{4^3-64} = \frac{2-2}{64-64} = \frac{0}{0}$$

$$\lim_{x \to 4} f(x) = \lim_{x \to 4} \frac{(\sqrt{x}-2)(\sqrt{x}+2)}{(x-4)(x^2+4x+16)(\sqrt{x}+2)}$$

$$= \lim_{x \to 4} \frac{x-4}{(x-4)(x^2+4x+16)(\sqrt{x}+2)}$$

$$= \lim_{x \to 4} \frac{1}{(x^2+4x+16)(\sqrt{x}+2)}$$

$$= \frac{1}{(16+16+16) \cdot (2+2)} = \frac{1}{48 \cdot 4} = \frac{1}{192}$$

b) $\frac{\infty}{\infty} \to \lim_{x \to \pm\infty} \frac{a_n x^n + a_{n-1} x^{n-1} + \ldots a_1 x_1 + a_0}{b_m x^m + b_{m-1} x^{m-1} + \ldots + b_1 x + b_0}$

$n > m \Rightarrow limit = \pm\infty$

$n = m \Rightarrow limit = \frac{a_n}{b_m}$

$n < m \Rightarrow limit = 0$

Example:

$$f(x) = \frac{3x^2 + 4x - 5}{6x^2 + x + 3} \Rightarrow \lim_{x \to \infty} f(x) = ?$$

Solution:

$$\lim_{x \to \infty} f(x) = \lim_{x \to \infty} \frac{3x^2 + 4x - 5}{6x^2 + x + 3} = \frac{\infty + \infty - 5}{\infty + \infty + 3} = \frac{\infty}{\infty}$$

$$\lim_{x \to \infty} f(x) = \lim_{x \to \infty} \frac{x^2 \left(3 + \frac{4}{x} - \frac{5}{x^2}\right)}{x^2 \left(6 + \frac{1}{x} + \frac{3}{x^2}\right)}$$

$$\lim_{x \to \infty} \frac{3 + 0 - 0}{6 + 0 + 0} = \frac{3}{6} = \frac{1}{2}$$

c) $\infty - \infty$ and $0 \cdot \infty$

To solve these types of limits, $\infty - \infty$ and $0 \cdot \infty$ uncertainities have to be converted into $\frac{\infty}{\infty}$ or $\frac{0}{0}$ types.

Then apply the rule expressed in a and b.

Example:

$$f(x) = 2\sqrt{x^2 + 1} - \sqrt{4x^2 + 2x + 3} \Rightarrow \lim_{x \to \infty} f(x) = ?$$

Solution:

$$\lim_{x \to \infty} \frac{(2\sqrt{x^2 + 1} - \sqrt{4x^2 + 2x + 3})(2\sqrt{x^2 + 1} + \sqrt{4x^2 - 2x + 3})}{2\sqrt{x^2 + 1} + \sqrt{4x^2 + 2x + 3}}$$

$$= \lim_{x \to \infty} \frac{4x^2 + 4 - 4x^2 - 2x - 3}{x\left(2\sqrt{1 + \frac{1}{x^2}} + \sqrt{4 + \frac{2}{x} + \frac{3}{x^2}}\right)} = \lim_{x \to \infty} \frac{x\left(-2 + \frac{1}{x}\right)}{x(2 + 2)} = -\frac{1}{2}$$

d) 1^∞ Uncertainities

Example:

$$f(x) = \left(1 + \frac{3x}{x^2 + 2}\right)^{2x} = ?$$

Solution:

$$\lim_{x \to \infty} f(x) = \lim_{x \to \infty} \left(1 + \frac{3}{x + \frac{2}{x}}\right)^{2x}$$

$$= \lim_{x \to \infty} (1 + 0)^\infty = 1^\infty$$

$$u(x) = \frac{3x}{x^2 + 2}$$

$$\lim_{x \to \infty} u(x) = \lim_{x \to \infty} \frac{3x}{x^2 + 2} = 0$$

$$\vartheta(x) = 2x$$

$$\lim_{x \to \infty} \vartheta(x) = \infty$$

$$u(x) \cdot \vartheta(x) = \frac{6x^2}{x^2 + 2}$$

$$\lim_{x \to \infty} [(u(x) \cdot \vartheta(x))] = \lim_{x \to \infty} \frac{6x^2}{x^2 + 2} = 6$$

$$\lim_{x \to \infty} f(x) = \lim_{x \to \infty} \left(1 + \frac{3x}{x^2 + 2}\right)^{2x} = e^6$$

Example:

$$f(x) = \left(e^{2/x} + \frac{2}{x}\right)^x \Rightarrow \lim_{x \to \infty} f(x) = \;?$$

Solution:

$$\lim_{x \to \infty} f(x) = \lim_{x \to \infty} \left(e^{2/x} + \frac{2}{x}\right)^x$$

$$= \lim_{x \to \infty} \left(e^{2/\infty} + \frac{2}{\infty}\right)^\infty = (e^0 + 0)^\infty = 1^\infty$$

$$y = \left(e^{2/x} + \frac{2}{x}\right)^x \Rightarrow \ln y = x \cdot \ln\left(e^{2/x} + \frac{2}{x}\right)$$

$$\lim_{x\to\infty} \frac{\ln\left(e^{2/x} + \frac{2}{x}\right)}{\frac{1}{x}} = \lim_{x\to\infty} \frac{-\frac{2}{x^2}e^{2/x} - \frac{2}{x^2}}{-\frac{1}{x^2}} = 2(e^0 + 1) = 4$$

$\ln y = 4 \Rightarrow \lim\limits_{x\to\infty} y = e^4$

LIMITS OF TRIGONOMETRIC FUNCTIONS

1. $\lim\limits_{x\to a} f(x) = f(a) = \sin a$

2. $\lim\limits_{x\to a} g(x) = g(a) = \cos a$

2. $\lim\limits_{x\to 0} \dfrac{\sin x}{x} = 1$

3. $\lim\limits_{x\to 0} \dfrac{\sin ax}{bx} = \dfrac{a}{b}$

4. $\lim\limits_{x\to 0} \dfrac{\tan x}{x} = 1$

Example:

$f(x) = \dfrac{\sin 5x}{x} = ?$

Solution:

$\lim\limits_{x\to 0} f(x) = \lim\limits_{x\to 0} \dfrac{5 \cdot \sin 5x}{5x}$

$$= 5 \lim_{x \to 0} \frac{\sin 5x}{5x}$$

$$\lim_{x \to 0} f(x) = 5 \lim_{u \to 0} \frac{\sin u}{u} = 5 \cdot 1 = 5$$

Example:

$$\lim_{x \to 0} \frac{1 - \cos 2x}{4x^2} = ?$$

Solution:

$$\lim_{x \to 0} \frac{1 - \cos 2x}{4x^2} = \lim_{x \to 0} \frac{1 - \cos 0}{4 \cdot 0} = \frac{1-1}{0} = \frac{0}{0}$$

$$\lim_{x \to 0} \frac{1 - \cos 2x}{4x^2} = \lim_{x \to 0} \frac{1 - (1 - 2\sin^2 x)}{4 \cdot x^2}$$

$$\lim_{x \to 0} \frac{1 - \cos 2x}{4x^2} = \lim_{x \to 0} \frac{2\sin^2 x}{4x^2}$$

$$= \frac{1}{2} \lim_{x \to 0} \left(\frac{\sin x}{x}\right)^2 = \frac{1}{2}$$

Example:

$$f(x) = \frac{\sin 4x \cdot \tan 2x}{1 - \cos 2x} \Rightarrow \lim_{x \to 0} f(x) = ?$$

Solution:

$$\lim_{x \to 0} f(x) = \lim_{x \to 0} \frac{\sin 4x \cdot \tan 2x}{1 - \cos 2x}$$

$$= \lim_{x \to 0} \frac{\sin 0 \cdot \tan 0}{1 - \cos 0}$$

$$= \frac{0 \cdot 0}{1 - 1} = \frac{0}{0}$$

$$\lim_{x \to 0} f(x) = \lim_{x \to 0} \frac{2 \cdot \sin 2x \cdot \cos 2x \cdot \dfrac{\sin 2x}{\cos 2x}}{1 - (1 - 2\sin^2 x)}$$

$$= \lim_{x \to 0} \frac{2\sin^2 2x}{2\sin^2 x}$$

$$= \lim_{x \to 0} \frac{2 \cdot 4\sin^2 x \cdot \cos^2 x}{2\sin^2 x}$$

$$= \lim_{x \to 0} 4\cos^2 x = 4 \cdot \cos 0$$

$$= 4 \cdot 1 = 4$$

Example:

$$\lim_{x \to \pi} \frac{\cos 2x - 1}{\sin^2 x} = ?$$

Solution:

$$\lim_{x \to \pi} \frac{\cos 2x - 1}{\sin^2 x} = \lim_{x \to \pi} \frac{\cos 2\pi - 1}{\sin^2 \pi}$$

$$= \frac{1-1}{0} = \frac{0}{0}$$

$$\lim_{x \to \pi} \frac{\cos 2x - 1}{\sin^2 x} = \lim_{x \to \pi} \frac{1 - 2\sin^2 x - 1}{\sin^2 x}$$

$$= \lim_{x \to \pi} \frac{-2\sin^2 x}{\sin^2 x} = -2$$

TEST WITH SOLUTIONS

1. $\lim\limits_{x \to -1} \dfrac{x^3 + 5x^2 - 2x}{3x^4 - 2x^3 - 4x^2 + 1} = ?$

A) 1   B) 2   C) 3   D) 4   E) 5

Solution:

$$\lim_{x \to (-1)} \frac{x^3 + 5x^2 - 2x}{3x^4 - 2x^3 - 4x^2 + 1}$$

$$= \frac{(-1)^3 + 5\cdot(-1)^2 - 2\cdot(-1)}{3\cdot(-1)^4 - 2\cdot(-1)^3 - 4\cdot(-1)^2 + 1}$$

$$= \frac{-1 + 5 + 2}{3 + 2 - 4 + 1}$$

$$= \frac{6}{2}$$

$$= 3$$

Correct Answer : C

2. $\lim_{x \to 3} \dfrac{x^2 - 9}{x - 3} = ?$

A) 0   B) 3   C) 5   D) 6   E) 9

Solution:

$$\lim_{x \to 3} \dfrac{3^2 - 9}{3 - 3} = \dfrac{0}{0}$$

$$\lim_{x \to 3} \dfrac{x^2 - 9}{x - 3} = \lim_{x \to 3} \dfrac{(x - 3)(x + 3)}{x - 3}$$

$$= 3 + 3$$

$$= 6$$

Correct Answer : D

3. $\lim_{x \to -3} \dfrac{x^3 + 8}{x + 2} = ?$

A) 15   B) 19   C) 21   D) 27   E) 30

Solution:

$$\lim_{x \to -3} \dfrac{x^3 + 8}{x + 2} = \dfrac{(-3)^3 + 8}{-3 + 2}$$

$$= \dfrac{-27 + 8}{-1}$$

$$= \dfrac{-19}{-1}$$

$$= 19$$

Correct Answer : B

4. $\lim\limits_{x \to 3} \dfrac{\cos x - \sin 3°}{\sin x - \cos 3°} = ?$

A) – 2   B) – 1   C) 0   D) 1   E) 2

Solution:

$$\lim_{x \to 3} \dfrac{\cos x - \sin 3°}{\sin x - \cos 3°} = \dfrac{\cos 3° - \sin 3°}{\sin 3° - \cos 3°}$$

$$= -1$$

Correct Answer: B

5. $\lim\limits_{x \to \frac{\pi}{6}} \dfrac{\cot x - 2\cos x}{\sin x + \tan x} = ?$

A) – 2   B) – 1   C) 0   D) 1   E) 2

Solution:

$$\lim_{x \to \frac{\pi}{6}} \dfrac{\cot x - 2\cos x}{\sin x + \tan x} = \dfrac{\cot \frac{\pi}{6} - 2\cos \frac{\pi}{6}}{\sin \frac{\pi}{6} + \tan \frac{\pi}{6}}$$

$$= \dfrac{\sqrt{3} - 2 \cdot \frac{\sqrt{3}}{2}}{\frac{1}{2} + \frac{\sqrt{3}}{3}}$$

$$= \dfrac{\sqrt{3} - \sqrt{3}}{\dfrac{3 + 2\sqrt{3}}{6}}$$

13

$$= 0$$

Correct Answer: C

6. $\lim\limits_{x \to 2} \dfrac{x^3 - 2x - 4}{x^3 - 8} = ?$

A) 1 B) $\dfrac{3}{2}$ C) 2 D) $\dfrac{5}{6}$ E) $\dfrac{6}{5}$

Solution:

$$\lim\limits_{x \to 2} \dfrac{x^3 - 2x - 4}{x^3 - 8} = \dfrac{8 - 4 - 4}{8 - 8} = \dfrac{0}{0}$$

$$\lim\limits_{x \to 2} \dfrac{x^3 - 2x - 4}{x^3 - 8} = \lim\limits_{x \to 2} \dfrac{(x - 2)(x^2 + 2x + 2)}{(x - 2)(x^2 + 2x + 4)}$$

$$= \dfrac{2^2 + 2 \cdot 2 + 2}{2^2 + 2 \cdot 2 + 4}$$

$$= \dfrac{10}{12}$$

$$= \dfrac{5}{6}$$

Correct Answer: D

7. $\lim\limits_{x \to 0} \dfrac{\sin 3x}{x} = ?$

A) -3 B) -1 C) 0 D) 1 E) 3

Solution:

$$\lim_{x \to 0} \frac{\sin 3x}{x} = 3 \cdot \lim_{(3x) \to 0} \frac{\sin 3x}{3x} = 3$$

Correct Answer : E

8. $\lim\limits_{x \to 1} \dfrac{\sin(x-1)}{x^2 - 1} = ?$

A) $\dfrac{1}{2}$ B) 1 C) $\dfrac{3}{2}$ D) 2 E) $\dfrac{5}{2}$

Solution:

$$\lim_{x \to 1} \frac{\sin(x-1)}{x^2 - 1} = \frac{\sin 0}{0} = \frac{0}{0}$$

$$\lim_{x \to 1} \frac{\sin(x-1)}{x^2 - 1} = \lim_{x \to 1} \frac{\sin(x-1)}{(x-1)(x+1)}$$

$$= \lim_{x \to 1} \frac{\sin(x-1)}{x - 1} \cdot \lim_{x \to 1} \frac{1}{x + 1}$$

$x - 1 = t$

$x \to 1 \Rightarrow t \to 0$ $\quad = \lim\limits_{t \to 0} \dfrac{\sin t}{t} \cdot \lim\limits_{t \to 0} \dfrac{1}{t + 2}$

$= 1 \cdot \dfrac{1}{2} = \dfrac{1}{2}$

Correct Answer: A

9. $\lim\limits_{x \to 1} \dfrac{\sqrt{x} - 1}{x - 1} = ?$

A) 1 B) $\dfrac{1}{2}$ C) $\dfrac{3}{2}$ D) 4 E) $\dfrac{5}{2}$

15

Solution:

$$\lim_{x \to 1} \frac{\sqrt{x}-1}{x-1} = \frac{\sqrt{1}-1}{1-1} = \frac{0}{0}$$

$$\lim_{x \to 1} \frac{\sqrt{x}-1}{x-1} = \lim_{x \to 1} \frac{\sqrt{x}-1}{(\sqrt{x}-1)(\sqrt{x}+1)}$$

$$= \lim_{x \to 1} \frac{1}{\sqrt{x}+1}$$

$$= \frac{1}{1+1} = \frac{1}{2}$$

Correct Answer: B

10. $\lim_{x \to a} \dfrac{x^3 - a^3}{x - a} = ?$

A) $3a$ B) a^2 C) $3a^2$ D) $5a^2$ E) $6a^2$

Solution:

$$\lim_{x \to a} \frac{x^3 - a^3}{x - a} = \frac{a^3 - a^3}{a - a} = \frac{0}{0}$$

$$\lim_{x \to a} \frac{x^3 - a^3}{x - a} = \lim_{x \to a} \frac{(x-a)(x^2 + ax + a^2)}{x - a}$$

$$= \lim_{x \to a} (x^2 + ax + a)$$

$$= a^2 + a \cdot a + a^2$$

$$= 3a^2$$

Correct Answer: C

11. $\lim_{x \to 0} \dfrac{\sin 2x}{\sin 5x} = ?$

A) $-\dfrac{5}{2}$ B) $-\dfrac{2}{5}$ C) $\dfrac{1}{5}$ D) $\dfrac{2}{5}$ E) $\dfrac{5}{2}$

Solution:

$$\lim_{x \to 0} \frac{\sin 2x}{\sin 5x} = \lim_{x \to 0} \frac{2x \cdot \dfrac{\sin 2x}{2x}}{5x \cdot \dfrac{\sin 5x}{5x}}$$

$$= \lim_{x \to 0} \frac{2x}{5x} \cdot \frac{\lim_{2x \to 0} \dfrac{\sin 2x}{2x}}{\lim_{5x \to 0} \dfrac{\sin 5x}{5x}}$$

$$= \frac{2}{5} \cdot \frac{1}{1}$$

$$= \frac{2}{5}$$

Correct Answer: D

12. $\lim_{x \to 2} \dfrac{\sin(x^2 - 4)}{x - 2} = ?$

A) – 4 B) – 2 C) 0 D) 2 E) 4

Solution:

$$\lim_{x \to 2} \frac{\sin(x^2 - 4)}{x - 2} = \frac{0}{0}$$

$$\lim_{x \to 2} \frac{(x+2)\sin(x^2-4)}{x^2-4} =$$

$$x^2 - 4 = t \Rightarrow \lim_{x \to 2}(x^2 - t) = 0$$

$$= \lim_{x \to 2}(x+2) \cdot \lim_{t \to 0} \frac{\sin t}{t}$$

$$= 4 \cdot 1 = 4$$

Correct Answer: E

13. $\lim\limits_{x \to \infty} 5^{2/x} = ?$

A) – 2   B) – 1   C) 0   D) 1   E) 2

Solution:

$$\lim_{x \to \infty} 5^{2/x} = 5^{2/\infty}$$

$$= 5^0$$

$$= 1$$

Correct Answer: D

14. $\lim\limits_{x \to 2} \dfrac{x^2 + x - 6}{x^2 - 4} = ?$

A) $\dfrac{5}{4}$ B) 1   C) $\dfrac{5}{6}$ D) $\dfrac{5}{8}$ E) $\dfrac{1}{2}$

Solution:

$$\lim_{x \to 2} \frac{x^2 + x - 6}{x^2 - 4} = \frac{4 + 2 - 6}{4 - 4} = \frac{0}{0}$$

$$\lim_{x \to 2} \frac{x^2 + x - 6}{x^2 - 4} = \lim_{x \to 2} \frac{(x+3)(x-2)}{(x-2)(x+2)}$$

$$= \frac{2+3}{2+2}$$

$$= \frac{5}{4}$$

Correct Answer : A

15. $\lim_{x \to 2} \dfrac{\sqrt{x+2} - 2}{x - 2} = ?$

A) $\dfrac{1}{8}$ B) $\dfrac{1}{4}$ C) $\dfrac{1}{2}$ D) 1   E) 2

Solution:

$$\lim_{x \to 2} \frac{\sqrt{x+2} - 2}{x - 2} = \frac{\sqrt{4} - 2}{2 - 1} = \frac{0}{0}$$

$$= \lim_{x \to 2} \frac{\sqrt{x+2} - 2}{x - 2}$$

$$= \lim_{x \to 2} \frac{(\sqrt{x+2} - 2)(\sqrt{x+2} + 2)}{(x - 2)(\sqrt{x+2} + 2)}$$

$$= \lim_{x \to 2} \frac{x - 2}{(x - 2)(\sqrt{x+2} + 2)}$$

$$= \frac{1}{\sqrt{2+2} + 2}$$

$$= \frac{1}{4}$$

Correct Answer: B

16. $\lim\limits_{x \to \infty} \dfrac{x^3 - 3}{3x^3 + 2x + 1} = ?$

A) $-\dfrac{1}{3}$ B) $-\dfrac{1}{2}$ C) $\dfrac{1}{3}$ D) $\dfrac{1}{2}$ E) 1

Solution:

$$\lim_{x \to \infty} \frac{x^3 - 3}{3x^3 + 2x + 1} = \lim_{x \to \infty} \frac{x^3 \cdot \left(1 - \dfrac{2}{x^2} + \dfrac{5}{x^3}\right)}{x^3 \cdot \left(3 + \dfrac{1}{x^2} - \dfrac{2}{x^3}\right)}$$

$$= \frac{1 - \dfrac{2}{\infty^2} + \dfrac{5}{\infty^3}}{3 + \dfrac{1}{\infty^2} + \dfrac{2}{\infty^3}}$$

$$= \frac{1 - 0 + 0}{3 + 0 - 0}$$

$$= \frac{1}{3}$$

Correct Answer: C

17. $\lim\limits_{x \to \frac{\pi}{3}} \dfrac{3x - \pi}{\cos\dfrac{9x}{2}} = ?$

A) $\dfrac{1}{6}$ B) $\dfrac{1}{3}$ C) $\dfrac{2}{3}$ D) 1   E) $\dfrac{4}{3}$

Solution:

$$\lim_{x \to \frac{\pi}{3}} \frac{3x - \pi}{\cos \dfrac{9x}{2}} = \frac{0}{0} \left(\lim_{x \to \frac{\pi}{3}} \frac{9x - 3\pi}{2} = 0 \right)$$

$$\lim_{x \to \frac{\pi}{3}} \frac{3x - \pi}{\cos \dfrac{9x}{2}} = \frac{3x - \pi}{-\sin\left(\dfrac{3\pi}{2} - \dfrac{9\pi}{2}\right)}$$

$$= \lim_{x \to \frac{\pi}{3}} \frac{\dfrac{9x - 3\pi}{2}}{\dfrac{3}{2}\sin\left(\dfrac{9x - 3\pi}{2}\right)}$$

$$= \dfrac{1}{\dfrac{3}{2}} \cdot 1$$

$$= \dfrac{2}{3}$$

Correct Answer: C

18. $\lim\limits_{x \to \infty} \dfrac{x^2 - 3}{x^3 + 2x + 1} = ?$

A) 3   B) 2   C) 1   D) 0   E) −1

Solution:

$$\lim_{x \to \infty} \frac{x^2 - 3}{x^3 + 2x + 1} = \lim_{x \to \infty} \frac{x^2 \cdot \left(1 - \frac{3}{x^2}\right)}{x^2 \cdot \left(x + \frac{2}{x} + \frac{1}{x^2}\right)}$$

$$= \frac{1 - \frac{3}{\infty^2}}{\infty + \frac{2}{\infty} + \frac{1}{\infty^2}}$$

$$= \frac{1 - 0}{\infty + 0 + 0}$$

$$= \frac{1}{\infty}$$

$$= 0$$

Correct Answer: D

19. $\lim\limits_{x \to \infty} \dfrac{x^5 - x^4 + 1}{x^3 + 2x} = \;?$

A) $-\infty$ B) $-\dfrac{5}{3}$ C) 0   D) $\dfrac{5}{3}$ E) ∞

Solution:

$$\lim_{x \to \infty} \frac{x^5 - x^4 + 1}{x^3 + 2x} = \lim_{x \to \infty} \frac{x^3 \cdot \left(x^2 - x + \frac{1}{x^3}\right)}{x^3 \cdot \left(1 + \frac{2}{x^2}\right)}$$

$$= \frac{\infty^2 - \infty + \dfrac{1}{\infty^3}}{1 + \dfrac{2}{\infty^2}}$$

$$= \infty$$

Correct Answer: E

20. $\lim\limits_{x \to -1} \dfrac{\sin \pi x}{x + 1} = ?$

A) $-\pi$ B) $-\dfrac{\pi}{2}$ C) 0   D) $\dfrac{\pi}{2}$ E) π

Solution:

$\lim\limits_{x \to -1} \dfrac{\sin(\pi x)}{x + 1} = \dfrac{0}{0}$

$x + 1 = t$

$x = t - 1$

$x \to -1 \Rightarrow t \to 0$

$\lim\limits_{t \to 0} \dfrac{-\sin(\pi - \pi t)}{t} = \lim\limits_{t \to 0} \dfrac{-\pi \sin \pi t}{\pi t} = -\pi$

Correct Answer: A

21. $\lim\limits_{x \to \pi} \dfrac{1 + \cos x}{1 - \sin\dfrac{x}{2}} = ?$

A) 2   B) 3   C) 4   D) $\dfrac{3}{4}$ E) $\dfrac{9}{2}$

Solution:

$$\lim_{x \to \pi} \frac{1 + \cos x}{1 - \sin\frac{x}{2}} = \frac{1 + \cos \pi}{1 - \sin\frac{\pi}{2}} = \frac{0}{0}$$

$$\lim_{x \to \pi} \frac{1 + \cos x}{1 - \sin\frac{x}{2}} = \lim_{x \to \pi} \frac{-\sin x}{-\frac{1}{2}\cos\frac{x}{2}}$$

$$\lim_{x \to \pi} \frac{-\cos x}{\frac{1}{4}\sin\frac{x}{2}} = \frac{-\cos \pi}{\frac{1}{4}\sin\frac{\pi}{2}}$$

$$= \frac{-(-1)}{\frac{1}{4} \cdot 1} = 4$$

Correct Answer: C

QUESTIONS

1. $\lim\limits_{x \to 3} \dfrac{x^2 - 6x + 9}{x^2 - 8x + 15} = ?$

A) $-\dfrac{9}{13}$ B) 0   C) 1   D) $\dfrac{9}{13}$ E) $\dfrac{3}{5}$

Solution:

$$\lim_{x \to 3} \frac{x^2 - 6x + 9}{x^2 - 8x + 15} = \lim_{x \to 3} \frac{(x-3)(x-3)}{(x-3)(x-5)} = \frac{3-3}{3-5} = 0$$

Correct Answer: B

2. $\lim\limits_{x \to a} \dfrac{x^3 - a^3}{x^2 - a^2} = ?$

A) $\dfrac{3a}{2}$ B) a C) $\dfrac{3}{2}$ D) 1 E) 0

Solution:

$$\lim_{x \to a} \dfrac{x^3 - a^3}{x^2 - a^2} = \lim_{x \to a} \dfrac{(x-a)\cdot(x^2 + ax + a^2)}{(x-a)\cdot(x+a)}$$

$$= \dfrac{a^2 + a^2 + a^2}{a + a} = \dfrac{3a^2}{2a} = \dfrac{3a}{2}$$

Correct Answer: A

3. $\lim\limits_{x \to 0} \dfrac{x^2 + 2\cdot\sin x}{\frac{1}{2}\cdot(e^x - e^{x^2})} = ?$

A) 2 B) 3 C) 4 D) $\dfrac{3}{4}$ E) $\dfrac{5}{2}$

Solution:

$$\lim_{x \to 0} \dfrac{x^2 + 2\cdot\sin x}{\frac{1}{2}\cdot(e^x - e^{x^2})} = \dfrac{0}{0}$$

$$\lim_{x\to 0}\frac{2x+2\cdot\cos x}{\frac{1}{2}\cdot\left(e^x-e^{x^2}\cdot 2x\right)}=\frac{2}{\frac{1}{2}}=4$$

Correct Answer: C

4. $\lim\limits_{x\to\frac{\pi}{2}}\dfrac{\pi-2x}{\sin 8x}=\ ?$

A) $-\dfrac{1}{2}$ B) $-\dfrac{1}{4}$ C) 0   D) 1   E) $\dfrac{1}{2}$

Solution:

$$\lim_{x\to\frac{\pi}{2}}\frac{\pi-2x}{\sin 8x}=\frac{0}{0}$$

$$\Rightarrow\lim_{x\to\frac{\pi}{2}}\frac{\pi-2x}{\sin 8x}=\lim_{x\to\frac{\pi}{2}}\frac{-2}{\cos 8x\cdot 8}$$

$$=\frac{-2}{(\cos 4\pi)\cdot 8}=-\frac{2}{8}=-\frac{1}{4}$$

Correct Answer: B

5. $\lim\limits_{x\to -1}\dfrac{x^{15}+1}{x^6-1}=\ ?$

A) −8   B) 3   C) $\dfrac{5}{2}$ D) $-\dfrac{3}{2}$ D) $-\dfrac{5}{2}$

Solution:

$$\lim_{x \to -1} \frac{x^{15}+1}{x^6-1} = \frac{(-1)^{15}+1}{(-1)^6-1} = \frac{0}{0}$$

$$= \lim_{x \to -1} \frac{15x^{14}}{6x^5} = \frac{15\cdot(-1)^{14}}{6\cdot(-1)^5} = -\frac{5}{2}$$

Correct Answer: E

6. $\lim\limits_{x \to -1} \dfrac{x^{36}-1}{2x^9+2} = ?$

A) $-\dfrac{1}{2}$ B) -4 C) -2 D) 2 E) 4

Solution:

$$\lim_{x \to -1} \frac{x^{36}-1}{2x^9+2} = \frac{1-1}{-2+2} = \frac{0}{0}$$

$$\lim_{x \to -1} \frac{x^{36}-1}{2x^9+2} = \lim_{x \to -1} \frac{(x^{18})^2-1^2}{2\cdot(x^9+1)}$$

$$= \lim_{x \to -1} \frac{(x^{18}-1)(x^{18}+1)}{2\cdot(x^9+1)}$$

$$= \lim_{x \to -1} \frac{(x^9-1)(x^9+1)(x^{18}+1)}{2\cdot(x^9+1)}$$

$$= -2$$

Correct Answer: C

7. $\lim\limits_{x \to a} \dfrac{x^2 - a^2}{x^2 - x - ax + a} = ?$

A) $2a^2$ B) $2a$ C) a D) $\dfrac{3}{2}a$ E) $\dfrac{2a}{a-1}$

Solution:

$\lim\limits_{x \to a} \dfrac{(x-a)(x+a)}{(x-a)(x-1)} = \dfrac{2a}{a-1}$

Correct Answer: E

8. $\lim\limits_{x \to 0} \left(\dfrac{\tan^2 3x}{25x^2}\right) = ?$

A) $\dfrac{3}{25}$ B) $\dfrac{6}{25}$ C) $\dfrac{9}{25}$ D) 6 E) 9

Solution:

$\lim\limits_{x \to 0} \left[\dfrac{\tan 3x}{3x} \cdot \dfrac{\tan 3x}{3x} \cdot \dfrac{9}{25}\right]$

$= \dfrac{9}{25} \lim\limits_{x \to 0} \dfrac{\tan 3x}{3x} \cdot \lim\limits_{x \to 0} \dfrac{\tan 3x}{3x} = \dfrac{9}{25}$

Correct Answer: C

9. $\lim\limits_{x \to -\infty} (5^{3/x} + 4^x + 3) = ?$

A) 0 B) 1 C) 2 D) 3 E) 4

Solution:

$$\lim_{x \to -\infty} (5^{3/x} + 4^x + 3) = 5^{3/-\infty} + 4^{-\infty} + 3$$

$$= 5^0 + \frac{1}{4^\infty} + 3 = 4 + \frac{1}{\infty} = 4$$

Correct Answer: E

10. $\lim\limits_{x \to \frac{1}{3}} \left(\dfrac{x^3 - \dfrac{1}{27}}{x^2 - \dfrac{1}{9}} \right) = ?$

A) $\dfrac{1}{2}$ B) $\dfrac{3}{2}$ C) $\dfrac{5}{2}$ D) 2 E) 3

Solution:

$$\lim_{x \to \frac{1}{3}} \frac{\left(x - \frac{1}{3}\right)\left(x^2 + \frac{x}{3} + \frac{1}{9}\right)}{\left(x - \frac{1}{3}\right)\left(x + \frac{1}{3}\right)}$$

$$= \frac{\left(\frac{1}{3}\right)^2 + \frac{1}{9} + \frac{1}{9}}{\frac{1}{3} + \frac{1}{3}} = \frac{\frac{3}{9}}{\frac{2}{3}} = \frac{1}{2}$$

Correct Answer: A

11. $\lim\limits_{x\to\infty} \dfrac{x^2 - x + 3}{-x^5 + x^2} = ?$

A) 0   B) 1   C) $\dfrac{1}{3}$ D) $\dfrac{1}{5}$ E) ∞

Solution:

$$\lim_{x\to\infty} \dfrac{x^2 - x + 3}{-x^5 + x^2} = \dfrac{\infty - \infty}{-\infty + \infty}$$

$$\lim_{x\to\infty} \dfrac{x^2 - x + 3}{-x^5 + x^2} = \lim_{x\to\infty} \dfrac{x^2\left(1 - \dfrac{1}{x} + \dfrac{3}{x^2}\right)}{x^2(1 - x^3)}$$

$$\lim_{x\to\infty} \dfrac{1 - 0 + 0}{1 - \infty} = \dfrac{1}{-\infty} = 0$$

Correct Answer: A

12. $\lim\limits_{x\to 1} \dfrac{2x^3 + x^2 - 1}{x^3 + 3} = ?$

A) $\dfrac{1}{2}$ B) $\dfrac{3}{2}$ C) 2   D) 3   E) 4

Solution:

$$\lim_{x\to 1} \dfrac{2x^3 + x^2 - 1}{x^3 + 3} = \dfrac{2\cdot 1^3 + 1^2 - 1}{1^3 + 3}$$

$$= \frac{2}{4}$$

$$= \frac{1}{2}$$

Correct Answer: A

13. $\lim\limits_{x \to 0} \dfrac{\pi \sin\frac{\pi x}{6}}{3x \cos\frac{\pi x}{3}} = ?$

A) $\dfrac{\pi}{9}$ B) $\dfrac{\pi}{19}$ C) $\dfrac{\pi^2}{18}$ D) 2π E) $3\pi + 1$

Solution:

$$\lim_{x \to 1} \frac{\pi \sin \frac{\pi x}{6}}{3x \cos \frac{\pi x}{3}} = \pi \cdot \lim_{x \to 0} \frac{\sin \frac{\pi x}{6}}{3x} \cdot \lim_{x \to 1} \frac{1}{\cos \frac{\pi x}{3}}$$

$$= \pi \cdot \frac{\frac{\pi}{6}}{3} \cdot 1$$

$$= \frac{\pi^2}{18}$$

Correct Answer: C

Chapter
Limit
Test 1

1. $\lim\limits_{x \to \frac{1}{2}} \dfrac{x^3 - \dfrac{1}{8}}{x^2 - \dfrac{1}{4}} = ?$

A) $-\dfrac{4}{3}$ B) $-\dfrac{3}{4}$ C) $\dfrac{1}{8}$ D) $\dfrac{1}{2}$ E) $\dfrac{3}{4}$

2. $\lim\limits_{x \to 1} \left(\dfrac{1}{1-x} - \dfrac{3}{x - x^3} \right) = ?$

A) $-\infty$ B) -1 C) 0 D) $\dfrac{1}{2}$ E) 1

3. $\lim\limits_{x \to 2} \dfrac{x^2 - 2x + 4}{x^2 - 5x + 6} = ?$

A) $\dfrac{2}{3}$ B) 1 C) 4 D) 6 E) ∞

4. $\lim\limits_{x \to 1} \dfrac{x^2 + x - 2}{x - 1} = ?$

A) -1 B) 0 C) 1 D) 2 E) 3

5. $\lim_{x \to 0} \dfrac{x \cdot \sin 2x}{\sin^2 x} = ?$

A) $-\infty$ B) 0   C) 1   D) 2   E) 3

6. $\lim_{x \to \infty} \left(\dfrac{5x^2}{1-x^2} + 2^{\frac{1}{x}} \right) = ?$

A) -4 B) -3 C) 3   D) 4   E) 8

7. $\lim_{x \to \infty} \left(\dfrac{x^3}{x^2+1} - x \right) = ?$

A) -1 B) 0   C) $\dfrac{2}{3}$ D) 1   E) ∞

8. $\lim_{x \to \frac{\pi}{4}} \dfrac{\cos x - \sin x}{\cos 2x} = ?$

A) $-\dfrac{\sqrt{2}}{2}$ B) -1 C) $\dfrac{\sqrt{2}}{2}$ D) $\dfrac{\sqrt{3}}{2}$ E) 1

9. $\lim_{x \to 1} \dfrac{\sqrt{x}-1}{\sqrt[3]{x}-1} = ?$

A) 3   B) 2   C) $\frac{3}{2}$ D) $\frac{2}{3}$ E) $\frac{1}{2}$

10. $\lim\limits_{a \to x} \dfrac{a^6 - x^6}{x^2 - a^2} = ?$

A) $-3x^4$ B) $-3x^2$ C) $-3x$ D) $3a^2$ E) $3a^3$

11. $\lim\limits_{x \to 1} \dfrac{x - \sqrt{x}}{1 - \sqrt{x}} = ?$

A) -2 B) -1 C) 0 D) 1 E) 2

12. $\lim\limits_{x \to 6} \dfrac{5 - \sqrt{4x + 1}}{6 - x} = ?$

A) $-\dfrac{2}{5}$ B) $-\dfrac{3}{10}$ C) $\dfrac{3}{10}$ D) $\dfrac{2}{5}$ E) 1

13. $\lim\limits_{x \to a} \dfrac{\sin(x - a)}{x^2 - a^2} = ?$

A) $\dfrac{1}{4a^2}$ B) $\dfrac{1}{3a}$ C) $\dfrac{1}{2a}$ D) a E) $2a$

14. $\lim\limits_{x \to 0} \dfrac{\sin^2 x}{1 - \cos x} = ?$

A) −1 B) $-\dfrac{1}{2}$ C) $\dfrac{1}{2}$ D) 1 E) 2

15. $\lim\limits_{x\to -3}\dfrac{x+\sqrt{6-x}}{2x+6}=?$

A) $-\dfrac{5}{12}$ B) $-\dfrac{1}{12}$ C) $\dfrac{1}{5}$ D) $\dfrac{5}{12}$ E) $\dfrac{1}{2}$

16. $\lim\limits_{x\to 1}\dfrac{2x^2+5x-7}{x-1}=?$

A) 5 B) 6 C) 7 D) 8 E) 9

17. $\lim\limits_{x\to \infty}\dfrac{(a-1)x^2+2}{(a-1)x^2-5x}=?$

A) −2 B) −1 C) 0 D) 1 E) 2

18. $\lim\limits_{x\to 2}\dfrac{5x^2-3x}{x}=?$

A) 7 B) $\dfrac{17}{4}$ C) $\dfrac{15}{4}$ D) 2 E) $\dfrac{13}{12}$

19. $\lim\limits_{x\to\frac{\pi}{2}} \dfrac{\sin x - 1}{\cos 2x + 1} = ?$

A) 1   B) $\dfrac{1}{2}$ C) 0   D) $-\dfrac{1}{4}$ E) -1

20. $\lim\limits_{x\to 3} \dfrac{4 - \sqrt{a-x}}{x-3} = m,\ m \in R \Rightarrow m = ?$

A) $\dfrac{1}{2}$ B) $\dfrac{1}{4}$ C) $\dfrac{1}{8}$ D) $-\dfrac{1}{8}$ E) $-\dfrac{1}{16}$

21. $\lim\limits_{b\to 2} \dfrac{\sin(\pi \cdot b)}{4 - b^2} = ?$

A) $-\pi$ B) $-\dfrac{\pi}{2}$ C) $-\dfrac{\pi}{4}$ D) $\dfrac{\pi}{4}$ E) $\dfrac{\pi}{2}$

22. $\lim\limits_{x\to 0} \dfrac{\ln(1+4x)}{\sin 5x} = ?$

A) $\dfrac{4}{5}$ B) 0   C) $-\dfrac{4}{5}$ D) 1   E) $\dfrac{5}{4}$

23. $\lim\limits_{x\to 2} \dfrac{\tan(2x-4)}{x-2} = ?$

A) -2 B) -1 C) 0   D) 1   E) 2

Answers					
1. E	2. A	3. E	4. E	5. D	6. A
7. B	8. C	9. C	10. A	11. B	12. D
13. C	14. E	15. D	16. E	17. D	18. A
19. D	20. C	21. C	22. A	23. E	

Chapter Limit

Test 2

1. $\lim\limits_{x \to 1} \dfrac{x^8 - 1}{x - 1} = ?$

A) 1   B) 2   C) 4   D) 8   E) 16

2. $\lim\limits_{x \to 9} \dfrac{2\sqrt{x} - 6}{x - 9} = ?$

A) $\dfrac{1}{2}$ B) $\dfrac{1}{3}$ C) $\dfrac{1}{4}$ D) $\dfrac{1}{5}$ E) $\dfrac{1}{6}$

3. $\lim\limits_{m \to x} \dfrac{m^3 - x^3}{m - x} = ?$

A) $2x^2$ B) $3x^2$ C) $4x^2$ D) $6x^2$ E) x^2

4. $\lim\limits_{\alpha \to 1} \dfrac{\sqrt[4]{\alpha}-1}{\sqrt[3]{\alpha}-1} = ?$

A) $-\dfrac{4}{3}$ B) $-\dfrac{3}{4}$ C) 1 D) $\dfrac{3}{4}$ E) $\dfrac{4}{3}$

5. $\lim\limits_{x \to 1}(4x - \ln x) = ?$

A) 1 B) 2 C) 3 D) 4 E) 5

6. $\lim\limits_{x \to c} \dfrac{x\sqrt{x}-c\sqrt{c}}{\sqrt{x}-\sqrt{c}} = ?$

A) $\dfrac{c}{3}$ B) $\dfrac{c}{2}$ C) c D) $2c$ E) $3c$

7. $\lim\limits_{x \to 2} \dfrac{\sqrt[3]{x+6}-2}{x-2} = ?$

A) $-\dfrac{1}{1}$ B) $-\dfrac{1}{8}$ C) 0 D) $\dfrac{1}{12}$ E) $\dfrac{1}{4}$

8. $\lim\limits_{x \to 2} \dfrac{\sqrt[3]{x}-\sqrt[3]{2}}{x-2} = ?$

A) $\dfrac{1}{2}$ B) $\dfrac{1}{3 \cdot \sqrt[3]{6}}$ C) $\dfrac{1}{3 \cdot \sqrt[3]{4}}$ D) $\dfrac{1}{3 \cdot \sqrt[3]{2}}$ E) $\dfrac{1}{6}$

9. $\lim_{x \to 2} \dfrac{x - \sqrt{2x}}{\sqrt{2x+5} - 3} = ?$

A) $\dfrac{1}{2}$ B) 1   C) $\dfrac{3}{2}$ D) 2   E) $\dfrac{5}{2}$

10. $\lim_{x \to 1} \dfrac{1 - \sqrt[p]{x}}{1 - \sqrt[q]{x}} = ?$

A) $-\dfrac{p}{q}$ B) $-\dfrac{q}{p}$ C) $\dfrac{p}{q}$ D) $\dfrac{q}{p}$ E) $p \cdot q$

11. $\lim_{x \to 2} \dfrac{\sqrt{x^2 - 3x + 6} - \sqrt{x^2 - 2x + 4}}{4x - 8} = ?$

A) $-\dfrac{1}{4}$ B) $-\dfrac{1}{8}$ C) $-\dfrac{1}{16}$ D) $\dfrac{1}{8}$ E) $\dfrac{1}{16}$

12. $\lim_{x \to 2} \dfrac{8 - x^3}{x^2 - 2x + 3} = ?$

A) -2 B) -1 C) 0   D) 1   E) 2

13. $\lim_{x \to 9} \dfrac{\sqrt{x} - 3}{\sqrt[4]{x} - \sqrt{3}} = ?$

A) $2\sqrt{3}$ B) $\sqrt{15}$ C) 4   D) $3\sqrt{2}$ E) $3\sqrt{3}$

14. $\lim\limits_{\frac{a}{b} \to 1} \dfrac{4a + 3b}{2a + b} = ?$

A) $\dfrac{2}{7}$ B) $\dfrac{3}{7}$ C) 2   D) $\dfrac{7}{3}$ E) $\dfrac{7}{2}$

15. $\lim\limits_{x \to 0} \dfrac{\sqrt[3]{x + 27} - 3}{\sqrt{x + 64} - 8} = ?$

A) $-\dfrac{27}{22}$ B) $-\dfrac{32}{27}$ C) $\dfrac{27}{32}$ D) $\dfrac{32}{27}$ E) $\dfrac{16}{27}$

16. $\lim\limits_{x \to 5} \left(\dfrac{1}{x - 5} - \dfrac{3x - 8}{x^2 - 3x - 10} \right) = ?$

A) $-\dfrac{5}{7}$ B) $-\dfrac{2}{7}$ C) 0   D) $\dfrac{2}{7}$ E) $\dfrac{5}{7}$

17. $\lim\limits_{x \to 1} \dfrac{ax - \sqrt{x + 3}}{x^2 - 1} = b, b \in R \Rightarrow a = ?$

A) 2   B) 3   C) 4   D) 5   E) 6

18. $\lim\limits_{x \to \frac{\pi}{2}} \dfrac{\pi - 2x}{\cos x} = ?$

A) -2 B) -1 C) 0   D) 1   E) 2

19. $\lim\limits_{y \to x} \dfrac{\sin^2 y - \sin^2 x}{y^2 - x^2} = ?$

A) $\sin x$ B) $\dfrac{\sin x}{2x}$ C) $\dfrac{\sin 2x}{x}$ D) $\dfrac{\sin x}{x}$ E) $\dfrac{\sin 2x}{2x}$

20. $\lim\limits_{x \to e} \dfrac{\ln x - 1}{x^2 - e^2} = ?$

A) $\dfrac{1}{e}$ B) $\dfrac{1}{e^2}$ C) $\dfrac{1}{2e}$ D) $\dfrac{1}{2e^2}$ E) $\dfrac{1}{4e^2}$

21. $\lim\limits_{x \to 1} \tan\left(\dfrac{\pi}{2}x\right) \cdot (x - 1) = ?$

A) $\dfrac{2}{\pi}$ B) $-\dfrac{\pi}{2}$ C) $-\pi$ D) π E) 2π

Answers						
1. D	2. B	3. B	4. D	5. D	6. E	
7. D	8. C	9. C	10. D	11. A	12. C	
13. A	14. D	15. E	16. B	17. A	18. E	
19. E	20. D	21. A				

Chapter — Limit

Test 3

1. $\lim\limits_{x \to \pi} (\cos(\sin x)) = ?$

   A) 1   B) 0   C) −1   D) $-\dfrac{1}{2}$ E) $-\dfrac{1}{3}$

2. $\lim\limits_{x \to -1} \dfrac{(2+3x)^2 - (x+2)^2}{x^3 - x} = ?$

   A) −4   B) −2   C) 0   D) 2   E) 4

3. $\lim\limits_{x \to -1} \dfrac{3x^3 + 3x^2 + x + 1}{x^2 - 1} = ?$

   A) −3   B) −2   C) −1   D) 0   E) 1

4. $\lim\limits_{x \to 3} \dfrac{x^2 - 9}{\sqrt{x+6} - 3} = ?$

   A) 4   B) 9   C) 16   D) 36   E) 39

5. $\lim\limits_{x \to \frac{\pi}{2}} \dfrac{\sin 2x - \cos x}{x - \dfrac{\pi}{2}} = ?$

   A) −1   B) −2   C) −3   D) 1   E) 2

6. $\lim\limits_{x \to 1} \left(\dfrac{x+m}{\sqrt{3+x}-2} \right) = k, k \in R \Rightarrow m = ?$

A) –1   B) –2   C) –3   D) –4   E) –5

7. $\lim\limits_{x \to \frac{\pi}{2}} \left(\dfrac{1+\cos 2x}{1-\sin x} \right) = ?$

A) 0   B) 2   C) –2   D) 4   E) –4

8. $\lim\limits_{x \to 0} \left(\dfrac{x^2 + \sin^2 x}{\tan^2 x} \right) = ?$

A) 3   B) $\dfrac{3}{2}$ C) 2   D) 1   E) $\dfrac{5}{2}$

9. $\lim\limits_{x \to 2} \left(\dfrac{x^3 - ax^2 + 3x - 2}{x^2 - 4} \right) = k, k \in R \Rightarrow k = ?$

A) 3   B) $\dfrac{3}{4}$ C) $\dfrac{1}{2}$ D) 2   E) $-\dfrac{3}{2}$

10. $\lim\limits_{x \to 1} \left(\dfrac{\sqrt{x+3} - \sqrt{3x+1}}{x^2 - 3x + 2} \right) = ?$

A) 1   B) $\dfrac{1}{2}$ C) $\dfrac{1}{3}$ D) 0   E) –1

11. $\lim\limits_{x \to \frac{\pi}{4}} \dfrac{\sqrt{2}\cos x - 1}{1 - \tan^2 x} = ?$

A) -2 B) $-\dfrac{1}{2}$ C) 0 D) $\dfrac{1}{4}$ E) $\dfrac{1}{2}$

12. $\lim\limits_{x \to 0} \dfrac{5e^x + 5e^{-x} - 10}{4x^2} = ?$

A) $-\dfrac{5}{2}$ B) -1 C) 0 D) $\dfrac{5}{4}$ E) 1

13. $\lim\limits_{x \to 3} \left(\dfrac{1}{x - 3} - \dfrac{6}{x^2 - 9} \right) = ?$

A) $\dfrac{1}{4}$ B) 4 C) 3 D) $\dfrac{1}{3}$ E) $\dfrac{1}{6}$

14. $\lim\limits_{x \to \infty} \dfrac{(b - 1)x^3 + (2a - 6)x^2 + x - 1}{ax^2 - 2x + 5} = -1 \Rightarrow a + b = ?$

A) 3 B) 2 C) 1 D) 0 E) ∞

15. $\lim\limits_{x \to \infty} \left(\dfrac{\sin x}{x} + \dfrac{x^2 + 3x}{2x^2 - 1} \right) = ?$

A) $\dfrac{3}{2}$ B) $\dfrac{1}{2}$ C) 1   D) 2   E) ∞

16. $\lim\limits_{x\to\infty} \left(\sqrt{x^2-1} - \sqrt{x^2+3x+1}\right) = ?$

A) –2   B) $-\dfrac{5}{2}$ C) $-\dfrac{3}{2}$ D) 0   E) –1

17. $\lim\limits_{x\to\infty} \left(\dfrac{x}{x+2}\right)^x = ?$

A) e^{-2} B) e^2 C) e D) 0   E) –1

18. $\lim\limits_{x\to\infty} \left(\dfrac{x-2}{x+2}\right)^{x+2} = ?$

A) e^4 B) e^{-4} C) e^2 D) e^{-2} E) e

19. $\lim\limits_{x\to\frac{\pi}{2}} \dfrac{\sin\left(x-\dfrac{\pi}{2}\right)}{\cos x} = k,\ k \in R$

$\Rightarrow \lim\limits_{x\to k} (3^{x+1} + e^{-x}) = ?$

A) e B) $e+3$ C) $e+1$ D) $e+2$ E) $2e$

20. $\lim\limits_{x \to 0} \dfrac{ln(3x+1)}{2x} = ?$

A) $\dfrac{3}{2}$ B) $\dfrac{2}{3}$ C) $\dfrac{1}{2}$ D) 3   E) 12

21. $\lim\limits_{x \to 2} [(x-2) \cdot ln(x-2)] = ?$

A) -2 B) -1 C) 0   D) 1   E) 2

22. $\lim\limits_{x \to 0} \left(\dfrac{1}{\sin x} - \dfrac{1}{x} \right) = ?$

A) 0   B) 1   C) 2   D) 3   E) 4

23. $\lim\limits_{x \to 0} \dfrac{\sqrt[4]{1+2x}-1}{x} = ?$

A) -2 B) $-\dfrac{1}{2}$ C) 0   D) $\dfrac{1}{2}$ E) 2

Answers					
1. C	2. A	3. B	4. D	5. A	6. A
7. D	8. C	9. B	10. B	11. D	12. D
13. E	14. A	15. B	16. C	17. A	18. B
19. C	20. A	21. C	22. A	23. D	

Test 4

1. $\lim\limits_{x \to 3} [4 \cdot (3x - 2) \cdot (x + 2)] = ?$

A) 100 B) 120 C) 135 D) 140 E) 150

2. $\lim\limits_{x \to -6} [(x + 4)^{100} \cdot (x + 2)] = ?$

A) – 3 B) – 2 C) – 1 D) 2 E) 3

3. $\lim\limits_{x \to 1} \dfrac{x^2 - 2x + 1}{(x^3 - 1)^2} = ?$

A) $\dfrac{1}{9}$ B) $\dfrac{1}{3}$ C) 1 D) 3 E) 9

4. $\lim\limits_{a \to 0} \dfrac{(x + a)^3 - x^3}{a} = ?$

A) $\dfrac{x}{3}$ B) $3x$ C) $3x^2$ D) $6x$ E) $9x^2$

5. $\lim\limits_{x \to 2} \left(\dfrac{1}{(x-2)} - \dfrac{1}{x^2 - 3x + 2} \right) = ?$

A) -2 B) -1 C) 0 D) 1 E) 2

6. $\lim\limits_{x \to 16} \dfrac{\sqrt{x} - 4}{\sqrt[4]{x} - 2} = ?$

A) -16 B) -4 C) 0 D) 4 E) 16

7. $\lim\limits_{x \to 2} \dfrac{\sqrt{x+2} - x}{3 - \sqrt{4x+1}} = ?$

A) 1 B) $\dfrac{9}{8}$ C) $\dfrac{5}{4}$ D) $\dfrac{11}{8}$ E) $\dfrac{4}{3}$

8. $\lim\limits_{x \to 0} \dfrac{\sqrt{x^2 + m} - 1}{x} = n, \ m, n \in R \Rightarrow n = ?$

A) -2 B) -1 C) 0 D) 1 E) 2

9. $\lim\limits_{x \to \infty} \left(\dfrac{x^2}{2x + 5} - \dfrac{x}{2} \right) = ?$

A) $-\dfrac{1}{4}$ B) $-\dfrac{1}{2}$ C) $-\dfrac{3}{4}$ D) -1 E) $-\dfrac{5}{4}$

10. $\lim\limits_{x\to\infty}\left(\dfrac{x^3}{x^2+2}-x\right)=?$

A) 0 B) 1 C) 2 D) 3 E) 4

11. $\lim\limits_{x\to-\infty}\dfrac{4}{1-3^{x/1-x}}=?$

A) 4 B) 6 C) 8 D) 10 E) 12

12. $\lim\limits_{x\to-\infty}\dfrac{3\cdot 2^x+7}{4-2^{x+1}}=?$

A) $\dfrac{3}{2}$ B) $\dfrac{13}{5}$ C) $\dfrac{7}{4}$ D) $\dfrac{21}{8}$ E) 5

13. $\lim\limits_{x\to\infty}\left(\sqrt{x^2-8x}-x\right)=?$

A) -8 B) -4 C) -2 D) 4 E) 8

14. $\lim\limits_{x\to m}\dfrac{\sin m-\sin x}{\cos x-\cos m}=?$

A) $\cot m$ B) $-\cos m$ C) $-\dfrac{1}{\cos m}$ D) $-\dfrac{1}{\sin m}$ E) $-\sin m$

15. $\lim\limits_{x \to \frac{\pi}{4}} \dfrac{\sin\left(x - \frac{\pi}{4}\right)}{\cos\left(x + \frac{\pi}{4}\right)} = ?$

A) $-\dfrac{1}{3}$ B) -1 C) $\dfrac{1}{4}$ D) $\dfrac{1}{2}$ E) $\dfrac{\sqrt{2}}{2}$

16. $\lim\limits_{x \to \frac{\pi}{4}} \dfrac{\sin x - \cos x}{\cot x - 1} = ?$

A) $-2\sqrt{2}$ B) $-\sqrt{2}$ C) $-\dfrac{\sqrt{2}}{2}$ D) $\dfrac{\sqrt{2}}{2}$ E) $\sqrt{2}$

17. $\lim\limits_{x \to \frac{\pi}{3}} \dfrac{1 - 2\cos x}{\sin\left(x - \frac{\pi}{3}\right)} = ?$

A) $\dfrac{\sqrt{2}}{2}$ B) 1 C) $\sqrt{2}$ D) $\dfrac{3}{2}$ E) $\sqrt{3}$

18. $\lim\limits_{x \to 0} \dfrac{\sqrt[3]{1 + x^2} - \sqrt[4]{1 - 2x}}{x} = ?$

A) $\dfrac{1}{4}$ B) $\dfrac{1}{2}$ C) $\dfrac{3}{4}$ D) 1 E) 2

19. $\lim\limits_{x \to 2} \dfrac{x^3 - 3x^2 + x + 2}{x^4 - 4x - 8} = ?$

A) $\dfrac{1}{64}$ B) $\dfrac{1}{32}$ C) $\dfrac{1}{28}$ D) $\dfrac{1}{12}$ E) $\dfrac{1}{6}$

20. $\lim\limits_{x \to 1} \left(\dfrac{1}{\ln x} - \dfrac{1}{x-1} \right) = ?$

A) 4   B) 2   C) 1   D) $\dfrac{1}{2}$ E) $\dfrac{1}{4}$

21. $\lim\limits_{x \to 2} \dfrac{3 - \sqrt{5x-1}}{\sqrt{x+2} - x} = ?$

A) $\dfrac{8}{3}$ B) 2   C) $\dfrac{5}{3}$ D) $\dfrac{4}{3}$ E) $\dfrac{10}{9}$

Answers						
1. D	2. A	3. A	4. C	5. D	6. D
7. B	8. C	9. E	10. A	11. B	12. C
13. B	14. A	15. B	16. C	17. E	18. B
19. C	20. C	21. E			

Chapter — Limit

Test 5

1. $\lim\limits_{x\to 0} \dfrac{\sin^3 \dfrac{x}{2}}{x^3} = ?$

A) 16 B) 8 C) 4 D) $\dfrac{1}{8}$ E) $\dfrac{1}{16}$

2. $\lim\limits_{x\to 8} \dfrac{\sqrt[3]{x}-2}{\sqrt{x}-2\sqrt{2}} = ?$

A) $\dfrac{\sqrt{2}}{3}$ B) $\dfrac{\sqrt{2}}{6}$ C) $\dfrac{\sqrt{2}}{8}$ D) $\dfrac{1}{2}$ E) $\dfrac{1}{4}$

3. $\lim\limits_{x\to \pi} \dfrac{\pi \cos 2x - x}{1 + \cos x} = ?$

A) -1 B) -2 C) 0 D) 1 E) 2

4. $\lim\limits_{x\to 2} \dfrac{x-2}{x^3-8} = ?$

A) $\dfrac{1}{3}$ B) $\dfrac{1}{6}$ C) $\dfrac{1}{8}$ D) $\dfrac{1}{12}$ E) $\dfrac{3}{16}$

5. $\lim\limits_{a \to x} \dfrac{a^3 - x^3}{a^2 - x^2} = ?$

A) $\dfrac{3x^2}{2}$ B) $\dfrac{3x}{2}$ C) $\dfrac{3}{2x}$ D) $\dfrac{x}{3}$ E) $\dfrac{x}{2}$

6. $\lim\limits_{x \to 1} \dfrac{\tan\dfrac{\pi}{4}x - \cos 2\pi}{x - 1} = ?$

A) π B) $\dfrac{\pi}{2}$ C) $\dfrac{\pi}{4}$ D) $\dfrac{3\pi}{4}$ E) $\dfrac{\pi}{6}$

7. $\lim\limits_{x \to 0} \dfrac{\sin 4x}{x} = ?$

A) 1 B) 2 C) 4 D) $\dfrac{1}{4}$ E) $\dfrac{1}{8}$

8. $\lim\limits_{x \to 0} \dfrac{1 - \cos x}{\sin^2 x} = ?$

A) 1 B) $\dfrac{1}{2}$ C) $\dfrac{1}{4}$ D) $\dfrac{3}{2}$ E) $\dfrac{3}{4}$

9. $\lim\limits_{x \to \infty} \left(\dfrac{x + 7}{x + 3}\right)^x = ?$

A) $\dfrac{1}{4}$ B) e^2 C) e^3 D) e^4 E) $\dfrac{1}{4}e$

10. $\lim\limits_{x \to \infty} \left(\dfrac{x+5}{x+1}\right)^{3x+2} = ?$

A) e B) e^3 C) e^4 D) e^6 E) e^{12}

11. $\lim\limits_{x \to 2} \dfrac{x-2}{\sqrt{2x-2}} = ?$

A) 1   B) 2   C) $\dfrac{1}{2}$ D) $\dfrac{1}{4}$ E) $\dfrac{1}{8}$

12. $\lim\limits_{x \to e} \dfrac{\ln x - 1}{x - e} = ?$

A) 1   B) $\dfrac{1}{2}$ C) e D) $\dfrac{1}{e}$ E) $\dfrac{1}{e^2}$

13. $\lim\limits_{x \to 0} \dfrac{\ln(1+4x)}{\sin 4x} = ?$

A) 16   B) 8   C) 4   D) 2   E) 1

14. $\lim\limits_{x \to 1} \dfrac{\sin \pi x}{1 - x^2} = ?$

A) $-\pi$ B) $-\dfrac{\pi}{2}$ C) $\dfrac{\pi}{2}$ D) π E) 2π

15. $\lim\limits_{x\to 0}\dfrac{\cos x - \cos^3 x}{x^2} = ?$

A) -2 B) -1 C) 0 D) 1 E) 2

16. $\lim\limits_{x\to \frac{\pi}{3}}\dfrac{3x-\pi}{\sin\left(x-\dfrac{\pi}{3}\right)} = ?$

A) -9 B) -3 C) 0 D) 3 E) 9

17. $\lim\limits_{x\to \pi}\dfrac{2x-2\pi}{\tan x - \sin x} = ?$

A) 2 B) 1 C) 0 D) -1 E) -2

18. $\lim\limits_{x\to \frac{\pi}{2}}\dfrac{\sin(\cos x)}{\cos^2\dfrac{x}{2} - \sin^2\dfrac{x}{2}} = ?$

A) $-\sqrt{2}$ B) $\dfrac{-\sqrt{2}}{2}$ C) 1 D) $\dfrac{\sqrt{2}}{2}$ E) $\sqrt{2}$

19. $\lim\limits_{x \to 0} \dfrac{\sin 5x - \sin 2x}{\sin x} = ?$

A) 1   B) $\dfrac{3}{2}$ C) 2   D) $\dfrac{5}{2}$ E) 3

20. $\lim\limits_{x \to \infty} \left(\dfrac{4x^2 + 6}{2x^2 - 7x + 1} + 5^{\frac{1}{x}} \right) = ?$

A) – 2   B) – 1   C) 0   D) 1   E) 3

21. $\lim\limits_{x \to \frac{\pi}{4}} \dfrac{\cos 2x}{\cos x - \sin x} = ?$

A) 1   B) $\sqrt{2}$ C) $\sqrt{3}$ D) 2   E) $2\sqrt{2}$

22. $\lim\limits_{0 \to x} \dfrac{\tan x - \tan\theta}{\tan(\theta - x)} = ?$

A) $-\sec^2 x$ B) $\sec^2 x$ C) $\operatorname{cosec}^2 x$ D) $-\operatorname{cosec}^2 x$ E) $\tan x$

23. $\lim\limits_{x \to 3} \dfrac{x^3 - 3x^2 + x - 3}{x^2 - x - 6} = ?$

A) – 3   B) – 2   C) 0   D) 2   E) 3

Answers					
1. D	2. A	3. A	4. D	5. B	6. B

7. C	8. B	9. D	10. E	11. B	12. D
13. E	14. C	15. D	16. D	17. B	18. C
19. E	20. E	21. B	22. B	23. D	

Chapter Limit

Test 6

1. $\lim\limits_{t\to\infty}\left(\dfrac{t^3-2}{t^3+1}\right)^{t^3+3} = ?$

A) 1   B) 2   C) e D) e^{-2} E) ∞

2. $\lim\limits_{x\to -\infty}(\sqrt{x^2-4x+6}-\sqrt{x^2+ax+3})=6 \Rightarrow a= ?$

A) -16 B) -12 C) -8 D) 8   E) 16

3. $\lim\limits_{x\to 6}\dfrac{\sqrt{5x+6}-6}{\sqrt{x+3}-3} = ?$

A) $\dfrac{5}{2}$ B) 3   C) $\dfrac{7}{2}$ D) 4   E) $\dfrac{9}{2}$

4. $\lim_{x \to 2} (2 - x) \cdot \tan\left(\dfrac{\pi}{4}x\right) = ?$

A) $\dfrac{\pi}{2}$ B) $\dfrac{2}{3}$ C) $\dfrac{2\pi}{3}$ D) $\dfrac{2}{\pi}$ E) $\dfrac{4}{\pi}$

5. $\lim_{x \to 0} \dfrac{\sqrt[3]{x+1} - 1}{\sqrt{x+1} - 1} = ?$

A) 2   B) $\dfrac{3}{2}$ C) 1   D) $\dfrac{2}{3}$ E) $\dfrac{3}{4}$

6. $\lim_{x \to 0} \dfrac{\tan(x^2) + \tan^2 x}{x^2} = ?$

A) 1   B) $\dfrac{3}{2}$ C) 2   D) $\dfrac{5}{2}$ E) 3

7. $\lim_{x \to -4} \left(\dfrac{1}{x+4} - \dfrac{8}{16 - x^2}\right) = ?$

A) $\dfrac{1}{2}$ B) $\dfrac{1}{4}$ C) $\dfrac{1}{8}$ D) $-\dfrac{1}{4}$ E) $-\dfrac{1}{8}$

8. $\lim_{x \to \frac{\pi}{4}} \tan(2x)(\tan x - 1) = ?$

A) -1 B) $-\dfrac{1}{2}$ C) 0   D) 1   E) $\dfrac{1}{2}$

9. $\lim\limits_{x \to 0} \dfrac{\sqrt{x+16}-4}{\sin 8x} = ?$

A) $\dfrac{1}{4}$ B) $\dfrac{1}{8}$ C) $\dfrac{1}{16}$ D) $\dfrac{1}{32}$ E) $\dfrac{1}{64}$

10. $\lim\limits_{x \to 0} \cot x(\csc x - \cot x) = ?$

A) 1 B) $\dfrac{1}{2}$ C) $\dfrac{1}{4}$ D) $\dfrac{1}{8}$ E) $\dfrac{3}{4}$

11. $\lim\limits_{x \to 4} \dfrac{x^2-16}{\sqrt{x-1}-\sqrt{3}} = ?$

A) $2\sqrt{3}$ B) $4\sqrt{3}$ C) $8\sqrt{3}$ D) $12\sqrt{3}$ E) $16\sqrt{3}$

12. $\lim\limits_{x \to 25} \dfrac{\sqrt{x}-5}{x-25} = ?$

A) $\dfrac{1}{5}$ B) $\dfrac{1}{10}$ C) $\dfrac{1}{15}$ D) $\dfrac{1}{20}$ E) $\dfrac{1}{25}$

13. $\lim\limits_{x \to 2} \left(\dfrac{1}{x-2} - \dfrac{12}{x^3-8} \right) = ?$

A) $\dfrac{3}{2}$ B) 1 C) $\dfrac{1}{2}$ D) $\dfrac{1}{4}$ E) $\dfrac{1}{8}$

14. $\lim\limits_{x \to \infty} \left(\sqrt{x^2 + 2x} - x\right) = ?$

A) 1   B) $\dfrac{3}{2}$ C) 2   D) $\dfrac{5}{2}$ E) 4

15. $\lim\limits_{x \to 2} \dfrac{\sqrt{4 - x^2}}{\sqrt{6 - 5x + x^2}} = ?$

A) -2 B) -1 C) 0   D) 1   E) 2

16. $\lim\limits_{x \to 2} \sqrt{\dfrac{x^4 - 16}{x^3 - 8}} = ?$

A) $\dfrac{\sqrt{6}}{3}$ B) $\dfrac{2\sqrt{6}}{3}$ C) $\dfrac{2\sqrt{3}}{3}$ D) $\dfrac{\sqrt{6}}{4}$ E) $2\sqrt{2}$

17. $\lim\limits_{x \to \frac{\pi}{2}} \dfrac{\sin x - 1}{\sin x^2 - 1} = ?$

A) 0   B) $\dfrac{1}{2}$ C) 1   D) $\dfrac{3}{2}$ E) 3

18. $\lim\limits_{x \to 4} \dfrac{\sqrt{x} - 2}{x^2 - 16} = ?$

A) $\dfrac{1}{4}$ B) $\dfrac{1}{8}$ C) $\dfrac{1}{16}$ D) $\dfrac{1}{32}$ E) $\dfrac{1}{64}$

19. $\lim\limits_{x \to \frac{\pi}{2}} \dfrac{4 - 4\sin x}{\sin 4x} = ?$

A) 2   B) 1   C) 0   D) –1   E) –2

20. $\lim\limits_{x \to 0} \dfrac{8x + \sin(6x)}{x^2 - 4x + \sin(12x)} = ?$

A) $\dfrac{3}{2}$ B) $\dfrac{7}{2}$ C) $\dfrac{7}{4}$ D) $\dfrac{1}{2}$ E) 1

21. $\lim\limits_{x \to \infty} \left(\sqrt{x^2 + 7x} - \sqrt{x^2 + 2x}\right) = ?$

A) 5   B) 3   C) $\dfrac{5}{2}$ D) 2   E) $\dfrac{1}{2}$

22. $\lim\limits_{x \to -\infty} \left(\sqrt{4x^2 + 6x} - \sqrt{4x^2 + 9}\right) = ?$

A) $-\dfrac{3}{2}$ B) $-\dfrac{1}{2}$ C) 1   D) $\dfrac{3}{2}$ E) $\dfrac{5}{2}$

Answers					
1. E	2. D	3. A	4. E	5. D	6. C

7. E	8. A	9. E	10. B	11. E	12. B
13. C	14. A	15. E	16. B	17. B	18. D
19. C	20. C	21. C	22. A		

Chapter — Limit

Test 7

1. $\lim_{x \to -2} (4 - x^2) \cdot \tan\left(\dfrac{\pi x}{4}\right) = ?$

A) $\dfrac{\pi}{2}$ B) $\dfrac{\pi}{4}$ C) $\dfrac{\pi}{6}$ D) $\dfrac{\pi}{8}$ E) $\dfrac{\pi}{12}$

2. $\lim_{x \to 1} \dfrac{\tan(27 - x^3)}{x^4 - 81} = ?$

A) $-\dfrac{1}{4}$ B) $-\dfrac{1}{2}$ C) 0 D) $\dfrac{1}{4}$ E) $\dfrac{3}{8}$

3. $\lim\limits_{x\to\frac{\pi}{2}} \dfrac{(1+\sin x)\cdot \cos x}{\pi+2x} = ?$

A) 1   B) $\dfrac{1}{2}$ C) 0   D) $-\dfrac{1}{2}$ E) -1

4. $\lim\limits_{x\to 2} \dfrac{\sin\left(\dfrac{\pi x}{4}-\dfrac{\pi}{2}\right)}{\ln(3x-5)} = ?$

A) $\dfrac{\pi}{2}$ B) $\dfrac{\pi}{4}$ C) $\dfrac{\pi}{6}$ D) $\dfrac{3\pi}{4}$ E) $\dfrac{\pi}{12}$

5. $\lim\limits_{x\to 0} \dfrac{\sin(e^{6x}-1)}{\sin(e^{2x}-1)} = ?$

A) $\dfrac{1}{2}$ B) 1   C) $\dfrac{3}{2}$ D) 3   E) 6

6. $\lim\limits_{x\to 1} \sec\left(\dfrac{\pi}{2}x\right)\cdot\left(\arctan x - \dfrac{\pi}{4}\right) = ?$

A) -1 B) $-\dfrac{1}{2}$ C) $-\dfrac{1}{\pi}$ D) $\dfrac{2}{\pi}$ E) $\dfrac{\pi}{2}$

7. $\lim\limits_{x\to 0} \dfrac{2\sin(5x)}{3x} = ?$

A) $\dfrac{12}{5}$ B) 3 C) $\dfrac{10}{3}$ D) $\dfrac{7}{2}$ E) 4

8. $\lim\limits_{x\to 0} \sin(5x)\cdot\cot(3x) = ?$

A) $\dfrac{4}{3}$ B) $\dfrac{3}{2}$ C) $\dfrac{5}{3}$ D) $\dfrac{7}{3}$ E) $\dfrac{5}{2}$

9. $\lim\limits_{x\to 0} x\cdot\csc^2\sqrt{2x} = ?$

A) $\dfrac{3}{2}$ B) 1 C) $\dfrac{3}{4}$ D) $\dfrac{2}{3}$ E) $\dfrac{1}{2}$

10. $\lim\limits_{x\to 0} \dfrac{\sin 2x}{2x^2 + x} = ?$

A) $\dfrac{5}{2}$ B) 2 C) $\dfrac{3}{2}$ D) $\dfrac{2}{3}$ E) 0

11. $\lim\limits_{x\to 0} x\cdot\cot(2x) = ?$

A) $\dfrac{3}{2}$ B) 1 C) $\dfrac{2}{3}$ D) $\dfrac{1}{2}$ E) $\dfrac{1}{4}$

12. $\lim\limits_{x \to 0} \dfrac{x^2 + 4x}{\sin(3x)} = ?$

A) $\dfrac{3}{2}$ B) $\dfrac{4}{3}$ C) $\dfrac{2}{3}$ D) $\dfrac{1}{2}$ E) 0

13. $\lim\limits_{x \to 0} \tan 3x \cdot \cos 6x = ?$

A) 0 B) $\dfrac{2}{3}$ C) $\dfrac{3}{2}$ D) 3 E) $\dfrac{9}{2}$

14. $\lim\limits_{x \to \frac{\pi}{2}} \dfrac{4x - 2\pi}{\cos x} = ?$

A) 4 B) 2 C) 0 D) –2 E) –4

15. $f(x) = \dfrac{\sqrt[3]{x} + 2}{x + 8} \Rightarrow \lim\limits_{x \to -6} f(x) = ?$

A) 1 B) $\dfrac{1}{2}$ C) $\dfrac{1}{4}$ D) $\dfrac{1}{8}$ E) $\dfrac{1}{12}$

16. $\lim\limits_{x \to 0} \dfrac{\sin 2x \cdot \tan 2x}{1 - \cos 4x} = ?$

A) $\dfrac{1}{8}$ B) $\dfrac{1}{4}$ C) $\dfrac{1}{2}$ D) 4 E) 2

17. $\lim\limits_{x\to 1} \dfrac{x^6 - x}{x^2 + 7x - 8} = ?$

A) $-\dfrac{2}{3}$ B) $-\dfrac{5}{6}$ C) $\dfrac{4}{3}$ D) $\dfrac{2}{3}$ E) $\dfrac{4}{9}$

18. $\lim\limits_{x\to 8} \dfrac{x - 8}{\sqrt[3]{x - 16} + 12} = ?$

A) $\dfrac{5}{6}$ B) $\dfrac{4}{3}$ C) 6   D) 12   E) 18

19. $\lim\limits_{x\to 0} \dfrac{2x + \sin 4x}{\sin 8x} = ?$

A) $\dfrac{1}{2}$ B) $\dfrac{2}{3}$ C) $\dfrac{3}{4}$ D) 1   E) $\dfrac{2}{3}$

20. $\lim\limits_{x\to \frac{\pi}{2}} \dfrac{\cos^2 x}{1 - \sin^3 x} = ?$

A) $\dfrac{1}{2}$ B) $\dfrac{2}{3}$ C) 1   D) $\dfrac{3}{2}$ E) $\dfrac{5}{2}$

21. $\lim\limits_{x\to \frac{\pi}{4}} \dfrac{\sin x - \cos x}{1 - \tan x} = ?$

A) $-\dfrac{\sqrt{2}}{2}$ B) 0   C) $\dfrac{\sqrt{2}}{2}$ D) 1   E) $\dfrac{3}{2}$

22. $\lim\limits_{x \to 2} \dfrac{4x^2 - 2x + m - 2}{x^2 - 4} \in R \Rightarrow m = ?$

A) $\dfrac{5}{2}$ B) 3   C) $\dfrac{7}{2}$ D) 4   E) $\dfrac{9}{2}$

23. $\lim\limits_{x \to 0} \dfrac{\sqrt{x+9} - 3}{\sqrt{x+16} - 4} = ?$

A) 1   B) $\dfrac{4}{3}$ C) $\dfrac{5}{2}$ D) 3   E) 4

Answers					
1. D	2. A	3. E	4. E	5. D	6. C
7. C	8. C	9. E	10. B	11. D	12. B
13. A	14. E	15. E	16. C	17. E	18. D
19. C	20. B	21. A	22. C	23. B	

www.ingramcontent.com/pod-product-compliance
Lightning Source LLC
Chambersburg PA
CBHW071147240526
45465CB00024BA/1848

Limits workbook

This book includes a brief explanation part, example with solutions and multiple-choice questions with answer sheet and it has been prepared for the beginners to help them understand the basic concepts of Limits.